MW01383575

Made in the USA
Las Vegas, NV
17 May 2023

72146571R00063